Sophie Poehlmann

Kulturraum Wachau. Die Förderung des Tourismus durch die Raumstruktur

GRIN Verlag

Bibliografische Information der Deutschen Nationalbibliothek:

Die Deutsche Bibliothek verzeichnet diese Publikation in der Deutschen National-
bibliografie; detaillierte bibliografische Daten sind im Internet über http://dnb.d-
nb.de/ abrufbar.

Impressum:

Copyright © 2013 GRIN Verlag GmbH
Druck und Bindung: Books on Demand GmbH, Norderstedt Germany
ISBN: 978-3-656-61740-2

Dieses Buch bei GRIN:

http://www.grin.com/de/e-book/270381/kulturraum-wachau-die-foerderung-des-
tourismus-durch-die-raumstruktur

Kurs: **Mensch-Raum-Wirtschaft Österreich - Seminar**

Kursnummer: M3:3GWS

Semester: 5. Semester

Titel der Arbeit: **Kulturraum Wachau: Ist die Raumstruktur der Wachau für den Tourismus förderlich?**

Art: Seminararbeit

Vorgelegt von: : **Sophie Poehlmann**

Vorgelegt am: *Salzburg, 10.12.2013*

Inhaltsverzeichnis

1   Einleitung

Im Zuge des Seminars „Mensch – Raum – Wirtschaft Österreich" beschäftigten wir uns eingehend mit den facettenreichen Gesichtern Österreichs. Der Wunsch mich mit der Wachau näher befassen zu wollen kommt daher, dass mir, obwohl ich selbst noch nie in der Wachau gewesen bin, trotzdem einiges aus dieser Region geläufig ist. Beispielsweise der Wein aus der Wachau, die Wachauer Marille oder das eingängige Lied „Mariandl" aus dem gleichnamigen Film von 1961, der ebenfalls aus der Wachau stammt.

Viele Menschen in meinem Umfeld schwärmen von der Wachau und verbringen dort regelmäßige Kurzurlaube. In meiner Seminararbeit möchte ich daher der Frage auf den Grund gehen, ob die Raumstruktur der Wachau für den Tourismus förderlich ist.

Des Weiteren werde ich in der folgenden Arbeit versuchen eine lernprozessanregende Fragestellung für den GW-Unterricht einer 3. Klasse der Sekundarstufe 1 zu formulieren und eine mögliche Unterrichtsgestaltung im Zusammenhang mit der Raumstruktur der Wachau zu erarbeiten.

2   Geographie der Wachau

2.1   Lage

Die Wachau liegt im Bundesland Niederösterreich ca. 80 Kilometer westlich der Bundeshauptstadt Wien. Es ist relativ einfach die Region der Wachau abzugrenzen. Sie ist das Donautal, welches sich von Melk im Südosten über eine Länge von 33 Kilometern bis nach Krems im Nordosten erstreckt. (Vgl. Vinea Wachau 2013)

Teilt man Österreich in die Großlandschaften ein, so zählt die Wachau zur Randzone des Granit- und Gneishochlandes. Des Weiteren liegt sie an der Grenze zwischen zwei niederösterreichischen Viertellandschaften. Die südliche Wachau gehört dabei zum Mostviertel, die nördliche zum Waldviertel. (Vgl. Haider 2013)

An die südliche Wachau angrenzend liegt der Dunkelsteinerwald. Westlich der Wachau befindet sich der Nibelungengau und nach Osten öffnet sie sich trichterförmig zum Tullnerfeld. An den Donauufern befinden sich zahlreiche

Weingärten und Wälder. Der Jauerling (960 m, bei Willendorf in der Wachau) und der Sandl (723 m, bei Dürnstein) sind die beiden höchsten Erhebungen. Es sind aber auch steil abfallende Talhänge zu finden, so etwa die Hohe Wand bei Dürnstein und die Teufelsmauer bei Spitz. (Vgl. AEIOU 2013)

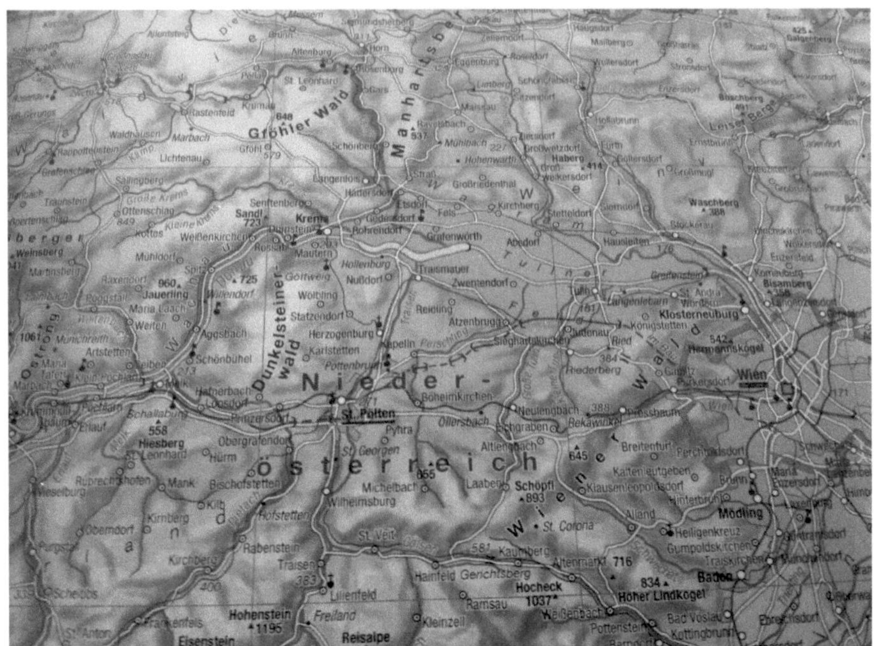

Abbildung 1: Karte – Oberösterrich / Niederösterreich / Wien – physisch (Quelle: Diercke Weltatlas Österreich, S. 23)

2.2 Geologie

Obwohl die Wachau nicht besonders groß ist, ist die geologische Vielfalt der Wachauer Böden beachtlich. Sie sind vor allem dadurch geprägt, dass sich die Donau ihren Weg durch das harte, kristalline Gestein bahnen musste. Die Grundlage des Wachauer Bodens bildet die Böhmische Masse. Die vorherrschenden Gesteinsarten sind Gföhler Gneis und Paragneis. Da es sich hierbei um metamorphe Gesteine handelt, sind sie unter großer Druck- und Hitzeeinwirkung im Erdinneren entstanden. (Vgl. Domäne Wachau 2013)

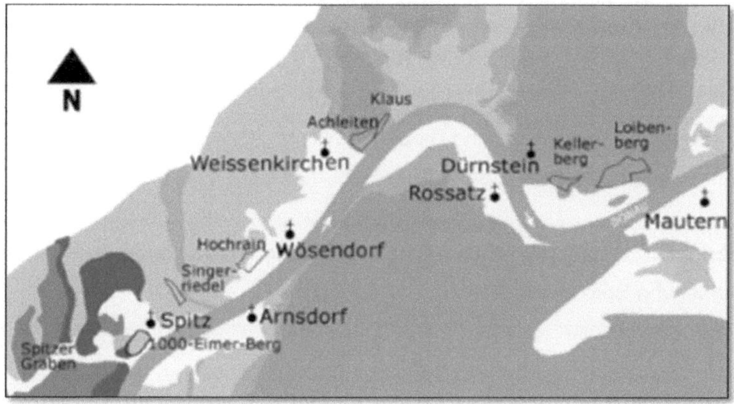

Abbildung 2: Wachauer Geologie (Quelle: http://www.domaene-
wachau.at/fileadmin/grafiken/02_Region/Wachauer_Geologie.pdf)

Erläuterungen zu Abbildung 1:

Die Geologie der Wachau gliedert sich in zwei Kategorien. Einerseits in die
Sedimente, welche hauptsächlich im Gebiet um die Donau zu finden sind.
Andererseits in kristallines Grundgebirge, welches den Grundstock der Böhmischen
Masse bildet. (Vgl. Domäne Wachau 2013)

Die nachfolgende Legende soll die Gesteinsarten aus Abbildung 1 und deren
Merkmale erläutern.

Kristallines Grundgebirge:

Gföhler Gneis ist ein kristallines Gestein granitischen Ursprungs. Er besteht zu
90 Prozent aus Quarz und Feldspat. Beim Gföhler Gneis handelt es sich um
einen **Orthogneis**, da er durch mehrmalige Metamorphose eines bereits
vorliegenden Gneises entstanden ist.

Paragneise sind im Gegensatz dazu aus verschiedenen Sedimentgesteinen
entstanden. Ausgangsgesteine sind zum Beispiel Ton, Mergel oder Sandstein,
welche unter immensem Druck zu Gneis (Feldspat, Quarz und Glimmer)
kristallisierten.

Amphibolitgesteine entstanden durch die Metamorphose basaltischen Gesteins. Sie haben eine dunkle Färbung[1], die ins Grünliche übergehen kann, was auf den Hauptbestandteil, welcher grüne Hornblende[2] ist, zurückzuführen ist. Weitere Bestandteile sind Diopsid, Feldspat, Granat sowie kleine Mengen von Glimmer und Quarz.

Marmor und Kalksilikatfels haben sich aus den kalkhaltigen Sedimenten im Gebiet von Spitz gebildet.

Beim **Granodioritgneis von Spitz** handelt es sich wiederum um einen Orthogneis mit erhöhtem Plagioklasanteil[3], was dem Weinanbau zugutekommt.

(Vgl. Domäne Wachau 2013)

Sedimente:

Bei den Sedimenten handelt es sich um junge tertiäre Sedimente, die in zwei Kategorien unterteilt werden:

Sandige kiesige Flussablagerungen und lehmige Staube aus der Eiszeit, auch **Löss**[4] genannt

Junge marine Sedimente, wie **Schlier**[5] und **Tegel**[6].

(Vgl. Domäne Wachau 2013)

---

[1] Dieses Gestein ist namensgebend für den Dunkelsteinerwald. (Vgl. Wikipedia:Amphibolite 2013)

[2] Grüne Hornblende gehört zu der Gruppe der Amphibole, welche dunkle gesteinsbildende Minerale sind. (Vgl. Kristallin 2013)

[3] Plagioklase sind Feldspate mit einem hohen Anteil von Natrium und Calcium (Vgl. Wikipedia: Feldspat 2013)

[4] Löss ist ein gelbliches, poröses Staubsediment. In Krems, am Rand des Donautals, sind zahlreiche Lössterrassen zu finden. (Vgl. Austria-Forum 2013)

[5] Bei Schlier handelt es sich um blau-grauen Mergel. (Vgl. Enzyklo: Schlier 2013)

[6] Tegel ist eine österreichische Bezeichnung für grün-graues oder gelbliches Mergelgestein. (Vgl. Wikipedia: Tegel 2013)

2.3 Klima

Da sich die Wachau über ein sehr beengtes Gebiet erstreckt spricht man bei ihrem Klima von einem Mikroklima. Das Mikroklima wird sehr stark durch die örtlichen Gegebenheiten beeinflusst, wie etwa Beschaffenheit des Bodens, Pflanzenvorkommen und Lichteinstrahlung. Der Begriff Mikroklima kann jedoch auch als Bezeichnung für bodennahes Klima im Bereich einer Höhe bis zwei Metern verwendet werden. (Vgl. Klima 2013)

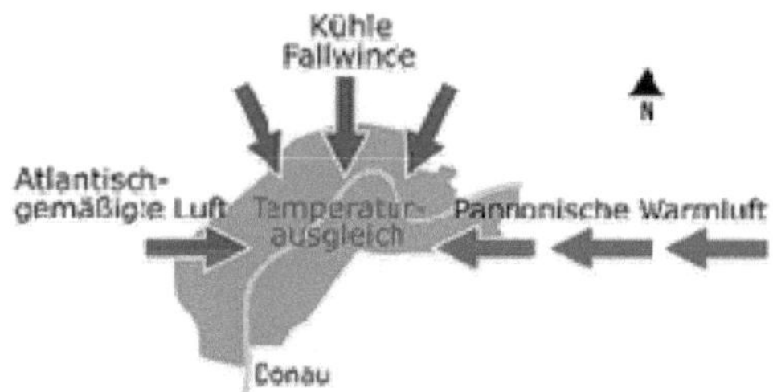

Abbildung 3: Schmatische Darstellung des Wachauer Klimas (Quelle: http://www.vinea-wachau.at/index.php?id=15&L=1%27%22)

Das Klima der Wachau ist zweigeteilt. Gemäßigte atlantische Luftmassen strömen aus dem Westen und treffen auf warme kontinentale Ströme aus der Pannonischen Tiefebene im Osten. Durch die Donau wird das Kontinentale Klima, welches heiße, trockene Sommer und strenge Winter mit sich bringt, gemildert. (Vgl. Knoll 2013)

2.3.1 Mikroklimatische Besonderheiten für den Weinbau

Die Wasseroberfläche der Donau reflektiert das Sonnenlicht und treibt so die Photosynthese der Weinstöcke voran. Dadurch ergibt sich eine erhöhte Zuckerbildung in den Trauben. Außerdem sorgen die kühlen Fallwinde aus dem Norden und die Tag-Nacht-Temperaturschwankungen vor der Erntezeit im Herbst für ein stärker ausgeprägtes Aroma des Weins. Die Jahresniederschlagsmenge der Wachau beträgt weniger als 500 Millimeter. Da sich die Hauptniederschlagsmenge in Form von heftigen Sommergewittern ergibt, kann der trockene Boden die hohe Wassermenge während der kurzen Zeit eines Gewitters nicht aufnehmen. Daher ist eine künstliche Bewässerung in den trockenen Berglagen für den Weinanbau unumgänglich. (Vgl. Knoll 2013)

3   Definitionen wichtiger Begriffe

Im folgenden Kapitel sollen wichtige Begriffe erklärt werden, um später der eigentlichen Frage dieser Arbeit auf den Grund gehen zu können: „Ist die Raumstruktur der Wachau für den Tourismus förderlich?"

3.1 Landschaft

In der Geographie ist mit dem Begriff „Landschaft" ein Raumausschnitt der Erde gemeint. (Vgl. Klappacher 2013: Vorlesungsmitschrift). Des Weiteren unterscheiden Manser, Stauffer und Egli den Begriff Landschaft in drei Unterkategorien:

Naturlandschaft: Ist ein Gebiet, das sich ohne Einfluss des Menschen entwickelt hat. Der Mensch betritt diese Regionen kaum oder gar nicht und bewirtschaftet sie auch nicht. Gletscher und Moore sind hier als Beispiele zu nennen.

Naturnahe Landschaft: Sie wird kaum oder nur marginal vom Menschen bewirtschaftet. Wälder oder natürliche Bachläufe zählen dazu.

Kulturlandschaft: Ist eine durch den Menschen geschaffene Landschaft. Sie ist durch kulturelle, gesellschaftliche und wirtschaftliche Handlungen geprägt. Ein Beispiel wäre das Parzellieren von Gebieten (Vgl. Manser 2010: 264-265) bzw. die Kultivierung der Wachauer Weinberge.

3.1.1 Wachau als Kulturlandschaft:

Die Wachau bietet eine Vielzahl an naturräumlichen Gegebenheiten, die diese Region einzigartig machen. Die vielfältigen Landschaftsformen sind von Auwäldern, schroffen Felsformationen und dem gewundenen Donautal geprägt. Daneben gibt es aber auch Ruinen, Stifte und Burgen sowie die typischen Weinbauterrassen, welche von Menschenhand geschaffen sind und wesentliche Bestandteile des Wachauer Erscheinungsbildes sind.

Die Wachau kann demnach laut Gunzelmann als Kulturlandschaft bezeichnet werden. Er definiert Kulturlandschaft folgendermaßen:

„Die Kulturlandschaft ist das Ergebnis der Wechselwirkung zwischen naturräumlichen Gegebenheiten und menschlicher Einflußnahme [sic!] im Verlauf der Geschichte. Dynamischer Wandel ist daher ein Wesensmerkmal der Kulturlandschaft" (Gunzelmann 2013)

3.2 Tourismus

Die Geschichte des Tourismus beginnt mit dem Zeitpunkt, an dem die Menschen begannen zu reisen – also ihren Wohnort zu verlassen. Motive für diese Reisen waren einerseits religiöse Reisen bzw. Wallfahrten andererseits Handelsreisen aus wirtschaftlichen Gründen. Erst im Zuge der Aufklärung kamen Bildungs- und Forschungsreisen auf. Damals war das Reisen nur für die wohlhabende Minderheit der Bevölkerung möglich, was für den heutigen modernen Tourismus nicht mehr zutrifft. (Vgl. Aemisegger 2010: 216) Die heutige Definition des Tourismus ist laut Aemisegger, Stauffer und Manser folgende:

„Fremdenverkehr oder Tourismus ist die Gesamtheit der Beziehungen und Erscheinungen, die sich aus der Reise und dem Aufenthalt von Personen ergeben, für die der Aufenthaltsort weder hauptsächlicher und dauernder Wohn- noch Arbeitsort ist."

Der Wunsch zu reisen kommt von dem Bedürfnis nach Erholung, Entspannung und Selbstverwirklichung abseits des Alltags. Unterschiedliche Formen des Tourismus haben sich durch die Verschiedenheit der Ansprüche an eine Reise entwickelt. Dass Ferienreisen fixer Bestandteil in unserer Gesellschaft wurden ist der gestiegenen Lebenserwartung, Zunahme der Freizeit (durch gesetzlich verankerten Urlaubsanspruch) und der allgemeinen Steigerung des Wohlstandes zuzuschreiben. Außerdem stehen die erhöhte Mobilität und die Veränderung des Konsumverhaltens in Zusammenhang mit der Entwicklung des Tourismus. (Vgl. Aemisegger 2010: 216)

3.2.1 Tourismus in der Wachau

Die Wachau zählt zu einer der beliebtesten Ausflugsregionen in Niederösterreich. Es sind aber nicht nur Österreicher und Österreicherinnen, die hier ihre Freizeit verbringen, sondern auch internationale Gäste. Vor allem die Ernennung zum Weltkulturerbe trug zur Steigerung des Bekanntheitsgrads der Wachau über die Grenzen Österreichs hinaus bei. (Vgl. Plitzka 2001: 35)

Die Tourismusangebote in der Wachau bieten nahezu für jeden Geschmack etwas. Bei Internetrecherchen zur Wachau stößt man immer wieder auf zahlreiche Urlaubsangebote, die folgende Interessen ansprechen sollten:

- **Sport** (z. B. Wandern am Jauerling, Donauradweg)
- **Kulinarik** (z. B. Wachauer Wein, Wachauer Marille)
- **Bauwerke** (z. B. Ruine Dürnstein, Burgruine Aggstein, Ruine Hinterhaus, Burg Oberranna)
- **Stifte und Kirchen** (z. B. Stift Melk, Stift Göttweig, Stiftskirche Dürnstein, Pfarrkirche Maria Laach)
- **Museen und Ausstellungen** (z. B. Steinzeitumuseum Aggsbach, Römermuseum Krems, Schifffahrtsmuseum Spitz)

3.3 Raumstruktur

Laut der Akademie für Raumforschung und Landesplanung entsteht Raumstruktur durch das Zusammenwirken von Faktoren, die für den Zustand eines Raumes entscheidend sind.

<u>Faktoren für die Raumstruktur:</u>

- Natürliche und administrative Gegebenheiten
- Arbeits- und Wohnstätten
- Verkehrserschließung und –bedienung
- Freizeit- und Erholungsmöglichkeiten

(Vgl. Akademie für Raumforschung und Landesplanung 2013)

4 Raumstruktur der Wachau für den Tourismus

Die Region der Wachau ist durch die Topographie an der Donau räumlich begrenzt, was bedeutet, dass die natürlichen Gegebenheiten aufgrund der beengten Platzverhältnisse nicht optimal für den Tourismus sind. Des Weiteren ist die Wachau zwar gut von den Ballungsräumen Wien und Linz erreichbar, aber die wenigen Verkehrswege neigen in der Hauptsaison zu Überlastung. Der Donauradweg mag zwar ein echter Bonuspunkt in Sachen Freizeit- und Erholungsmöglichkeiten sein, jedoch ist es fraglich inwieweit Erholung noch gegeben ist, wenn sich jährlich rund 150.000 Radfahrer hier tummeln. Dass sich die Massen an Touristen zudem nicht über das ganze Jahr verteilen, sondern vorwiegend in kurzen Spitzenzeiten auftauchen, verschärft das Problem des Platzmangels. Unter den Bewohnern zeigen sich Abwanderungstendenzen, da sie wenig Einfluss auf das Geschehen haben. (Vgl. Plitzka 2001: 35)

4.1 Problem des Massentourismus am Beispiel Dürnstein

Die Wachauer Gemeinde Dürnstein ist von den oben genannten Problemen besonders betroffen. Folgende Zahlen sollen dies verdeutlichen:

Nächtigungen pro Jahr:	50.000
Verfügbare Betten:	420
Durchschnittliche Aufenthaltsdauer:	2 Tage
Tagesausflügler pro Jahr:	1,2 – 1,5 Mio.
Einwohner:	450

Die Einwohnerzahl von Dürnstein steht in keinem Verhältnis zu den immensen Massen an Touristen. Abhilfe für diese Situation soll Eco-Plus schaffen, Niederösterreichs regionale Entwicklungsagentur. (Vgl. Plitzka 2001: 36)

4.2 Touristische Entwicklung durch Hilfe von außen

Die Tourismusabteilung des Landes und **Eco Plus** hatten sich im Jahr 2001 die Erstellung eines Leitbildes für die Tourismusentwicklung der Weltkulturerberegion zum Ziel gesetzt. Dieses Leitbild wurde von international anerkannten Experten konzipiert und beinhaltet vor allem Maßnahmen zur Besucherlenkung unter besonderer Berücksichtigung der Interessen der Einheimischen. In Zusammenhang damit wurde auch ein Verkehrskonzept entwickelt, dem eine Bedarfsanalyse voran ging. Des Weiteren wurden Stärken-Schwächen- und Chancen-Risiken-Analysen bezüglich dem Tourismus durchgeführt, sowie ein Kommunikationskonzept erstellt. Oberste Priorität all dieser Maßnahmen war es den Lebensraum für die Bewohner so attraktiv wie möglich zu gestalten, um der zunehmenden Abwanderung entgegen zu wirken. (Vgl. Plitzka 2001: 36-37)

Neben der Agentur Eco Plus hat sich auch der „**Arbeitskreis Wachau**" der sanften Förderung des Tourismus in der Region verschrieben. Die zentralen Ziele lauten:

- Erhaltung der Wachau in ihrer ursprünglichen Form
- Pflege des Landschaftsbildes
- Stärkung dieser Ziele im Bewusstsein der einheimischen Bevölkerung und der Gäste

Der Arbeitskreis Wachau war maßgeblich am verhinderten Bau eines Donau-Laufkraftwerkes im Jahr 1971 beteiligt. In den 80er Jahren wurde eine Beschränkung für den Durchzugsschwerverkehr erlassen. Nach weiteren Bemühungen und Erfolgen im Zusammenhang mit Naturschutz wurde der Wachau 1994 das europäische Naturschutzdiplom verliehen, was zur Folge hatte, dass die Wachau im Jahr 2000 in die Liste des UNESCO-Weltkulturerbes aufgenommen wurde. (Vgl. Arbeitskreis Wachau 2013)

5 Unterrichtsvorschlag mit lernprozessanregenden Fragestellungen

1. Szenario: Die Wachau in 20 Jahren

Man könnte den Schülerinnen und Schülern die Wachau unter dem Gesichtspunkt vorstellen, dass die Raumstruktur für den Tourismus der vorherrschenden Größenordnung nicht optimal ist. Es gilt daher den Raum zu schützen bzw. bestmöglich zu nützen, ohne die Bewohner durch den Tourismus zu beeinträchtigen. Um die Kinder zu einer Handlung im Zusammenhang mit dieser Thematik zu motivieren, wäre ein Szenario eine Möglichkeit. Nachdem die Kinder, die für die

Wachau typischen Merkmale kennen gelernt haben, werden sie mit einem möglichen Zukunftsbild der Wachau konfrontiert:

Abbildung 4: Wachau der Zukunft (Quelle:
http://www.kulturleben.at/medienpool/744/welterbe_jungemenschen.pdf#page=67)

Folgende Fragestellungen sollen die Kinder nun zum eigenständigen Denken bzw. Handeln animieren:

- Welche Folgen hätte eine fehlende Planung im Tourismusbereich für die Wachau?
- Was sollte der Wachau erhalten bleiben?
- Wovon sollen die Menschen hier leben?
- Was muss verhindert werden?

Als Ergebnis sollten die Schülerinnen und Schüler in Gruppen Zeichnungen anfertigen, die darstellen, wie sie die Wachau in 20 Jahren sehen möchten bzw. nicht sehen möchten. Anschließend sollen die Kinder sich überlegen, welche drei Maßnahmen für eine positive Entwicklung der Wachau von Bedeutung sind. (Vgl. Kulturleben 2013:73)

2. Kritische Bildanalyse:

Bilder der Wachau zeigen meist idyllische Landschaften. Von Touristen überfüllte Plätze oder verstopfte Straßen sind in typischen Bildbänden nicht zu sehen. Die Kinder sollen sich beim Durchblättern der Bildbände die Frage stellen, was sie auf den Bildern zu sehen bekommen bzw. was sie nicht sehen. Dadurch sollen sie lernen, dass Bilder sehr subjektiv sind und sie das, was sie auf den Bildern sehen kritisch hinterfragen sollen. Auch die Frage nach dem Zweck des Fotos bzw. nach dem Fotografen darf nicht außer Acht gelassen werden. (Vgl. Kulturleben 2013:72)

6   Resümee

Ich habe mir am Anfang meiner Arbeit die Frage gestellt, ob die Raumstruktur der Wachau für den Tourismus förderlich ist. Zusammenfassend lässt sich sagen, dass die Wachau eine Kulturlandschaft ist, die mit Sicherheit viele Menschen durch ihre Einzigartigkeit und Vielfalt anlockt. Bei meinen Recherchen im Internet bin ich immer wieder auf unzählige Urlaubsangebote gestoßen, die vielfältiger kaum sein könnten. Es wird versucht für jede Zielgruppe das passende Angebot parat zu haben, seien es Landschulwochen für Kinder, Seniorenwanderungen oder Gourmet-Reisen für Feinschmecker. Man darf jedoch die ansässige Bevölkerung nicht vergessen. Sie sind diejenigen, die hier dauerhafte Lebensqualität suchen. Dazu benötigen sie angemessene Ausbildungs- und Arbeitsstätten, adäquate Wohnmöglichkeiten und eine gute Infrastruktur sowie Freizeit- und Erholungsmöglichkeiten. Die oben genannten Vereine, wie Eco-Plus und die Arbeitsgemeinschaft Wachau sind maßgeblich daran beteiligt den Tourismus so sanft, wie möglich zu gestalten und parallel dazu die Situation für die Einheimischen zu verbessern.

Ob die Raumstruktur der Wachau für den Tourismus förderlich ist oder nicht, ist nicht einfach mit ja oder nein zu beantworten. Vor allem geht es darum, wie der Mensch sich an die Raumstruktur anpasst bzw. sie so adaptiert, dass sowohl die Natur als auch er davon profitieren. Meiner Meinung nach liegt es an jedem von uns, der vor hat in die Wachau zu reisen, die vorherrschende Raumstruktur nicht zu durchbrechen, sondern sich den beengten Gegebenheiten anzupassen. So denke ich, wird die Wachau auch noch in 20 Jahren ihr Gesicht nicht verloren haben, sondern ein fortschrittliches Weltkulturerbe sein.

7 Literaturverzeichnis

AEIOU – DAS KULTURINFORMATIONSSYSTEM: Wachau. Online verfügbar unter:
<http://www.aeiou.at/aeiou.encyclop.w/w008720.htm> [Stand: 27.11.13].

AEMISSEGGER, SILVAN: Wirtschaft und Raum. Dienstleistungen. In: Egli Hans-Rudolf,
Martin Hasler (Hg.):Geografie – Wissen und Verstehen. Ein Handbuch für die
Sekundarstufe II. Bern: hep, 2. Auflage, 2010. 205-229.

AKADEMIE FÜR RAUMFORSCHUNG UND LANDESPLANUNG: Raumstruktur und
Siedlungsstruktur. Online verfügbar unter: <http://www.arl-
net.de/lexica/de/raumstruktur-und-siedlungsstruktur?lang=en> [Stand:
1.12.13].

ARBEITSKREIS WACHAU: Der Arbeitskreis Wachau. 40 Jahre für die Wachau. Online
verfügbar unter: < http://www.arbeitskreis-wachau.at/html/ak.html> [7.12.13].

AUSTRIA-FORUM: Löss. Online verfügbar unter: <http://austria-
forum.org/af/AEIOU/L%C3%B6ss> [Stand: 27.11.13].

GUNZELMANN, THOMAS: Kulturlandschaft und Denkmalbegriff. Online verfügbar unter:
<https://thomas-gunzelmann.net/wordpress/wp-content/uploads/2010/04/Info-
A-94-S3-7.pdf> [Stand: 1.12.13].

DOMÄNE WACHAU: Region. Böden und Geologie. Online verfügbar unter:
<http://www.domaene-wachau.at/Boeden-amp-Geologie.11.0.html> [Stand
27.11.13].

DOMÄNE WACHAU: Wachauer Geologie. Online verfügbar unter:
<http://www.domaene-
wachau.at/fileadmin/grafiken/02_Region/Wachauer_Geologie.pdf> [Stand
27.11.13].

ENZYKLO – ONLINE ENZYKLOPÄDIE: Schlier. Online verfügbar unter:
<http://www.enzyklo.de/Begriff/Schlier> [Stand: 27.11.13].

HAIDER, ANDREAS: Wachauerland. Online verfügbar unter:
<http://www.wachauerland.at/> [Stand: 27.11.13].

KLAPPACHER, KASPAR OSWALD: Vorlesungsmitschrift von Sophie Poehlmann. Wintersemester 2013.

KLIMA: Mikroklima. Online verfügbar unter: <http://www.klima.org/glossar/m/mikroklima/> [Stand: 28.11.13].

KNOLL, DOMINIK: Die Wachau. Klima. Online verfügbar unter: <http://www.loibnerhof.at/de/kontakt.html> [Stand: 1.12.13].

KULTURLEBEN: Kulturlandschaft Wachau. Aktivitäten für Schülerinnen und Schüler. Online verfügbar unter: <http://www.kulturleben.at/medienpool/744/welterbe_jungemenschen.pdf#page=67> [Stand: 7.12.13].

MANSER: Landschaftswandel und Landnutzung in der Schweiz. In: Egli Hans-Rudolf, Martin Hasler (Hg.):Geografie – Wissen und Verstehen. Ein Handbuch für die Sekundarstufe II. Bern: hep, 2. Auflage, 2010. 264-270.

PLITZKA, RICHARD: Weltkulturerbe Wachau – eine touristische Herausforderung. In: Rössl Joachim (Hg.): Die Wachau. UNESCO Weltkultur- und Naturerbe. Marbach a. d. Donau: Druckerei Sandler, 2001. 35 – 37.

VINEA WACHAU: Wachau. Region. Online verfügbar unter: <http://www.vinea-wachau.at/index.php?id=5&L=1%2527%2522> [Stand: 27.11.13].

WIKIPEDIA: Amphibolit. Vorkommen. Online verfügbar unter: <http://de.wikipedia.org/wiki/Amphibolit> [Stand: 27.11.13].

WIKIPEDIA: Feldspat. Klassifikation. Plagioklase. Online verfügbar unter <http://de.wikipedia.org/wiki/Feldspat> [Stand:27.11.13].

WIKIPEDIA: Tegel. Online verfügbar unter: <http://de.wikipedia.org/wiki/Tegel_(Gestein)> [Stand: 27.11.13].

8   Abbildungsverzeichnis